丝网花艺术

Mesh Flower

造花插花 优秀作品集

邹瑞姑 韩兆秦 胡秀英 著

辽宁科学技术出版社

·沈阳·

前言

丝网花，最早起源于日本，被当地人称为东篱花。它的造型丰富，色彩艳丽，具有较强的柔韧度和半透明性。质感细腻，花形逼真，犹如鲜花一般。如今被普遍用于装饰领域，已经成为家居和商务市场中的新宠，更作为一种时尚的艺术品而被广泛推广。

丝网花制作材料较为简单，采用普通的丝网和五彩铁丝作为主材，再配以其他材料手工扎制而成。主要特点是可塑造性强，做成基本的形状后，可以根据设计者自身的爱好任意调整、变换造型，能让你随心所欲地创造出美丽而有新意的作品。它的另一个特点就是制作过程具有较强的可参与性，任何人都可以在很短的时间内学会，只要勤于学习，就可以创造出独特的艺术品。

另外，丝网花制作工艺比较简单，并且资金投入较少，适合不同人群学习和制作，因此具有广阔的市场前景。

本套丛书分为两册，从基础学习到技艺提升，以由浅入深逐层递进的方式为广大丝网花学习者和爱好者提供了一套良好的学习用书。《造花插花基础教程》主要介绍了丝网花制作的基本工艺与特点，同时配合多种制作实例供人们学习和借鉴；《造花插花优秀作品集》主要讲述了丝网花组合造型和各种场合下的花式搭配与选择，将花与景结合，寓情于景，具有较高的参考价值，为各类丝网花制作者提供了一个创新立意的平台。全套图书内容充实，图文结合，并随书赠送教学光碟，让您充分地感受到学习丝网花制作的乐趣。

目录

玫瑰叶

百合叶

牡丹叶

菊花叶

马蹄莲叶

荷花叶

塔松

圣诞红叶

龟背竹叶

向日葵叶

郁金香叶

排叶

万年青叶

长黄边剑叶

波斯叶

米兰叶

松枝

水仙花杆

满天星

七头花带叶花杆

大五头花杆

小五头花杆

兰花杆

蝴蝶兰叶

梅花花杆

玫瑰花杆

郁金香花杆

大叶长花杆

五头七头花杆

仿真富贵竹

造型花叶

蕨叶

插花用泡沫

配草

棉花

斑马叶

尖嘴钳

斜口钳

剪刀

QQ 线

套筒

胶带

热熔枪

彩笔

双面胶

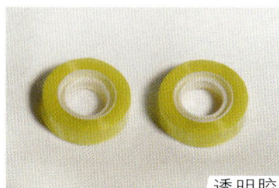
透明胶

棒针

精 选 作 品 图 解

黄色玻璃花蕊；5 号花杆；红色丝网、24 号红铁
丝：5 号筒花瓣 5 片、9 号筒花瓣 7 片，22 号铁丝：
6 号筒花瓣 3 片、7 号筒花瓣 3 片、8 号筒花瓣
3 片；粉色丝网、24 号铁丝：5 号筒花瓣 5 片，
22 号铁丝：6 号筒花瓣 3 片、7 号筒花瓣 3 片、
8 号筒花瓣 3 片、9 号筒花瓣 5 片

1.5 号筒粉色花瓣 3 片夹黄
色玻璃花蕊组合，5 号筒红
色花瓣 3 片夹黄色玻璃花蕊
组合，5 号筒红色花瓣和粉
色花瓣夹黄色玻璃花蕊组合。

2. 将四组组装好的小花朵
分别用红色 QQ 线添加在 5
号花杆的顶端。

3. 分别将 6 号筒红色花瓣
和粉色花瓣各 3 片，分两
个方向用线对绑在组合好
的花朵外侧。

4. 同上依次把 7 号筒红色和
粉色花瓣各 3 片组装其上。

5. 再以同样方式把 8 号筒
红色和粉色花瓣各 3 片组
装在外层。

6. 依次将 9 号筒红色花瓣
4 片和 9 号筒粉色花瓣 2 片，
按 2 片红色花瓣夹 1 片粉
色花瓣的方式组装在外侧。

7. 再把其余的 9 号筒红色
和粉色花瓣添加在最外侧，
要注意它们之间的层次性。

8. 花朵底部用绿色胶带缠
成锥形结构。

9. 分别把各花瓣整形，作
品完成。

【 大 丽 菊 】

花瓣：24#铁丝，3#筒花瓣 6 片，4#筒花瓣 18
片；22#铁丝，5#筒花瓣 12 片，6#筒花瓣 12 片，
7#筒花瓣 12 片
花萼：5#筒 6 片包绿色丝网
花苞：24#铁丝，3#筒 6 片，4#筒 12 片，4#筒
6 片绿铁丝绿丝网，3#筒花瓣 6 片绿铁丝绿丝网，
3# 花杆

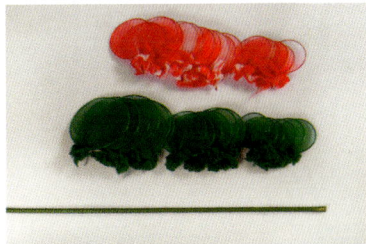

制 作 步 骤 • • • •

1

2

3

1. 用红色线先将 4#筒花瓣
反扎在花杆顶端，再把 3#
筒花瓣反扎其上。

2. 将底部用布包好，然后
用白色线固定。

3. 将所有花瓣上翻，并调
整造型。

4

5

6

4. 依次组装 5#筒花瓣，分
成两层每层 6 片。

5. 分别把 6#筒和 7#筒花
瓣分两层组装，每层 6 片，
底部用线绑紧。

6. 把花朵底部的花杆用绿
色胶带缠好，并调整花瓣
造型。

7

8

9

7. 在制作花苞时将 3#筒花
瓣作为一层，4#筒花瓣分
为两层，每层各 6 片，反
扎在花杆顶端。

8. 将组装好的花瓣上翻，
同时在外层正包 5#筒 6 片、
4#筒 6 片和 3#筒 6 片，整
理造型后底部用绿色胶带
缠绕。

9. 将花朵与花苞组合在菊
花杆上，并添加叶片，作
品完成。

【富宁兜兰】

花材 • • •

3#筒花瓣1片小波边网浅黄色丝网，
7#筒花瓣3片，其中1片搭桥；9#筒
花瓣2片，3#花杆，4#筒花瓣

制 作 步 骤 • • •

1.将花杆顶端用浅黄色布
包好，并用白色线绑紧。

2.在花杆顶端一侧组合1
片3#筒波边花瓣，并用线
固定。

3.把搭桥的7#筒花瓣添加
在3#筒花瓣的对侧。

4.在两边对称组合2片9#
筒花瓣。

5.将7#筒花瓣添加在两片
9#筒花瓣的交叉处。

6.在搭桥花瓣之下再组合
一片7#筒花瓣。

7.将底部用白色线缠成锥
形结构。

8.锥形处用绿色胶带缠绕，
并把4#筒花瓣添加在花杆
上。

9.将花朵整形，作品完成。

花材

花瓣：22#银铁丝：6#筒花瓣 16 片，7#筒花瓣 16 片，8#筒花瓣 24 片；22#铁丝：8#筒花瓣 18 片，9#筒花瓣 18 片，10#筒花瓣 7 片

花萼：22#绿铁丝，6#筒 6 片

5#花杆

制作步骤

1. 将 8# 筒花瓣 10 片调形后用红色 QQ 线反包在花杆上，作为第 1 层。

2. 第 2 层将 8# 筒花瓣 14 片调形后用红色线绑紧。

3. 第 3 层把 7# 筒花瓣 16 片调形后用线绑好。

4. 第 4 层同上，将 6# 筒花瓣 16 片绑好。

5. 将花杆顶端打钩，底部用红丝线缠绕后用红色丝网包好，也用红色线绑紧。

6. 把所有花瓣上翻，并且调整花瓣的形状。

7. 将 6# 筒叶子 6 片整形后依次正包在花朵下方。

8. 在底部用绿色胶带缠成锥形结构。

9. 花朵下端的黄色花瓣分别用 9# 筒和 10# 筒花瓣组成，其组合方式相同，将黄色花瓣与叶子一起组合在花杆上，作品完成。

5#电池花瓣 27 片网红色丝网，8#筒花瓣 12 片网白色丝网，棉花花心网果绿色丝网，2#花杆，花蕊

制作步骤 ●●●●

1.将棉花花心包在花杆的顶端，再将花蕊一长一短添加在花心周围。

2.把 5#电池花瓣 16 片用白色线添加在花蕊外侧。

3.再把 5#电池花瓣 11 片组装在第 2 层。

4.在红色花瓣的外层添加 6 片 8#筒花瓣。

5.再添加 6 片 8#筒花瓣，作为白色花瓣的第 2 层。

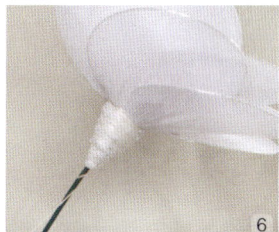

6.用白色 QQ 线将花朵底部缠成锥形结构。

7.将锥形处缠上绿色胶带。

8.调整各花瓣造型，作品完成。

【 睡 莲 】

花材 • • •

4#花杆，黄色花蕊，6#筒花瓣 7 片，8#筒花瓣 9 片，9#筒花瓣 11 片

制作步骤 • • •

1. 将 4#花杆顶端用绿色胶带绑好，用白色 QQ 线将花蕊绑在顶部。

2. 把花蕊对折上翻用线绑好。

3. 用白色线把 6#筒花瓣 7 片组合在花蕊周围。

4. 将 8#筒花瓣 9 片组合在第 2 层，花瓣之间保持适当间距。

5. 把 9#筒花瓣 11 片添加在第 3 层。

6. 将底部整理好，用白色线缠绕。

7. 再用绿色胶带将底部缠成锥形。

8. 分别将花瓣整形，作品完成。

花材 ● ● ●

小波边花瓣： 6#筒花瓣18片网双层浅粉色丝网，7#筒花瓣1片网双层浅粉色丝网，7#筒花瓣12片网单色紫色丝网，8#筒花瓣6片网单紫色丝网

中波边花瓣： 8#筒花瓣12片网双色绿丝网，9#筒花瓣6片网单色浅绿丝网，9#筒花瓣6片网单色深绿丝网

大波边花瓣： 大9#筒花瓣12片网双色深绿丝网

5#花杆

制 作 步 骤 ● ● ● ·

1. 将7#筒单色紫花瓣和双色6#筒花瓣分别反包于5#花杆的顶端，用白色QQ线绑好。

2. 用紫色丝网将花瓣的底部包住，并用白色线缠绕固定。

3. 将所有反包花瓣上翻，同时正包1片8#筒双色绿花瓣。

4. 接着有层次性地分别把8#筒双色绿花瓣和9#筒单色浅绿花瓣正包，用白色线固定。

5. 依次把大9#筒双色深绿花瓣正包在外层，用线缠绕固定。

6. 花瓣底部用绿色胶带缠成锥形结构。

7. 分别整理各花瓣的造型，作品完成。

花材 ●●●●

叶子双层丝网先包黑色后包紫色，6# 筒2片，7# 筒2片，8# 筒2片，9# 筒2片；2# 花瓣3片包双层浅紫色丝网，其中1片铁丝留长；小黄花蕊数根；3# 花杆

制作步骤 ●●● ● ●

1. 先将小黄色花蕊用线组装在铁丝留长的2#花瓣底部。

2. 用2#筒花瓣与花蕊一起组装成几朵小花。

3. 将一朵组合好的小花固定在3#花杆顶端。

4. 把6#筒叶片与7#筒叶片对称组合在小花朵两侧，底部用线缠好。

5. 将里黑外紫的布剪成布条，然后包住缠线处。

6. 依同样方式组合另一组，分别添加8#筒叶片。

7. 再把9#筒叶片添加在花杆上。

8. 用同样的制作方法再组装一小枝，然后两者组合在一起成为一个整枝，底部用绿色胶带缠绕，作品完成。

丝网花插花艺术

【 富贵仙子 】

花材 • • •

银柳，牡丹，白玉兰，龟背叶

制作步骤 • • •

1. 先把不同颜色的牡丹插入花泥中，使结构匀称，层次完美。

2. 把一束白玉兰呈下垂状插入作品底部。

3. 在牡丹的后边垂直插入三枝银柳。

4. 在作品底部添加龟背叶来衬托主花色调，作品完成。

向日葵，玫瑰，彩虹鸟，火龙果，麦穗，
小拱门，叶子

1. 先将两个弯曲造型的小拱门插在花泥的后边，确立作品的基本轮廓。

2. 把两朵丝网花制作的向日葵作为主花插在小拱门的前边，并装点配叶。

3. 把两朵丝网花制作的玫瑰插在作品底部一侧。

4. 将一高一低的两枝彩虹鸟插在小拱门的右侧。

5. 把火龙果插在作品左侧，并向外延伸。

6. 在作品的右侧底部再插入两枝麦穗，并在下边补充叶子作修饰，作品完成。

制作步骤 ● ● ● ●

1

2

3

4

5

1. 高低不一地在花泥的左侧插入三朵丝网做成的墨百合，注意层次搭配。

2. 在花泥中插入三片丝网制作的绿掌其中一片在花器右侧垂直向上，另两片在底部边缘造型。

3. 将三朵丝网制作的玫瑰添加在作品中，其中一朵与绿掌垂直相依，另两朵一高一低补充在作品底部。

4. 将斑马叶和兰花草添加在作品中，作为主花配叶。

5. 最后在作品底部添加米兰草，作品完成。

制作步骤 ● ● ●

1. 先在花泥的右侧高低不同地插入两支蜡烛，勾勒出作品轮廓。

2. 将圣诞红花朵插在花泥中，让它们保持在同一个水平面上。

3. 在作品中添加满天星作修饰。

4. 将松枝补充在作品的边缘，使作品更加饱满。

5. 把作品中的两个蜡烛点燃，用美丽的火焰为作品增添诗意。

【 富 贵 百 年 】

富贵竹，百合，百合花苞，墨百合，大花蕙兰，排叶，万年青叶

制作步骤 ● ● ● ●

1. 高低不一地在花泥中垂直插入两根富贵竹。

2. 将墨百合按照一定结构特点插在花泥中。

3. 在花器前侧的底部插入几朵百合，并添加两朵百合花苞，使作品更加饱满。

4. 将大花蕙兰弯曲造型呈下垂状插在作品底部，为作品增添魅力。

5. 将排叶添加在作品的后侧，从而衬托出作品的独特韵味。

6. 插入万年青叶，作品完成。

豪华郁金香，龟背叶，百合，百合花苞，
百子莲，长叶

制 作 步 骤 ● ● ● ● ●

1. 将一朵百子莲插在花泥中间作为主花。

2. 在百子莲的周围呈散射状添加一圈长叶，用以衬托主花造型。

3. 在作品底部插入三朵百合，一朵垂直向上，并一同插入百合花苞。

4. 将两朵豪华郁金香添加在百合花对侧，要有一定的层次性。

5. 在作品底部插入三片龟背叶，呈三角结构。

【 荷花起舞 】

花材 ● ● ●

荷叶，荷花，荷花花苞，莲蓬，青蛙，蜻蜓

制作步骤 ● ● ●

1

1. 高低不一错落有致地在花泥中插入几朵丝网花制作的荷花，呈现出亮丽的造型。

2

2. 将蜻蜓点缀在莲蓬上与荷花花苞一起插在花泥中，衬托主花造型。

3

3. 将 7 片小荷叶分别添加在荷花的周围，并在荷叶上装点上小青蛙、蜻蜓作为配饰，注意层次搭配。

4

4. 再把 6 片大荷叶补充在作品中与小荷叶交错搭配，调整作品造型，作品完成。

【 花 团 锦 簇 】

花材 • • •

剑兰，波斯叶，百合，百合花苞，满天星

制作步骤 • • • •

1. 先在花泥中高低不一地插入三枝剑兰，初步确定作品的比例高度。

2. 在作品的底部添加组装好满天星的波斯叶，修饰出整个作品的主要轮廓。

3. 将几朵百合添加在作品底部，丰富作品内容。

4. 在作品底部添加两个花苞，作品完成。

【 菊 花 共 赏 】

花材 ● ● ●

非洲菊，太阳菊，波斯叶，菊花叶

制 作 步 骤 ● ● ● ●

1. 将波斯叶分层插入花泥中，初步确定作品构架。

2. 在波斯叶之间插入几朵非洲菊，注意它们的之间的布局。

3. 在作品中间添加几朵太阳菊与非洲菊相互搭配。

4. 将菊花叶添加在各花朵之间作修饰，作品完成。

花 材 • • •

百合，玫瑰，波斯叶，满天星

制 作 步 骤 • • • •

1. 先在花器中插入波斯叶和满天星，要呈现完美造型。

2. 在波斯叶中间插入用丝网制作的百合，作为作品的主花。

3. 将两朵丝网制作的百合作下垂造型后，一上一下层次分明地插在花器边缘，并在花朵下面添加波斯叶，方向下垂。

4. 在百合之间添加若干朵用丝网制作的红色玫瑰，调整各个作品的轮廓造型，作品完成。

精　品　鉴　赏

【 大 吉 祥 】

花材 ● ● ●

大吉祥，兰花叶

【 百 事 和 心 】

花材 ● ● ●

大杆郁金香叶，一帆风顺

【风中的百合】

花材 ● ● ●

马蹄莲，百合

静守着那片宁静
任凭风雨的侵袭
一朵朵芬芳的百合
摇曳在风中微笑
没有人知道它的存在
它洁白但却坚忍不拔地为大自然增添美
的气息
百合的美
不在于外表的华丽
而在于内心高贵而洁白的爱
百合的美
不在于绚丽多彩的舞姿
而在于沉寂中让人们用心感受爱的宽广

【垂钓大花蕙兰】

花材 ●●●

大花蕙兰，长黄边剑叶

如美丽的瀑布倾泻而下，在丰茂绿叶的散射衬托下，如此的富丽典雅。那清廉坚贞的伟岸形象，近似中国人民特有的本色，众志成城，团结一致。

精 品 鉴 赏 **43**

花材 ● ● ●

黄玫瑰，百合

花 材 ●●●●

九十九朵红玫瑰，玫瑰叶

　　短暂的相见是我们今生之缘，长长的思念穿越万水千山；夜夜有你在梦中出现，彼此共度今生的悠悠岁月，天长地久般的浪漫，如同玫瑰的芳香，是那样沁人心脾；好似火红的玫瑰，让生活到处充满温馨。

花材 ● ● ●

玫瑰，满天星

花材 • • •

玫瑰，玫瑰叶

　　白色的玫瑰如圣洁的天使，在绿叶的陪衬下显得那样的婀娜多姿。它的花语是：天真、纯洁、尊敬（我足以与你相配）。

【 相 约 今 生 】

花材 ● ● ●
红玫瑰，玫瑰叶

"蓝色妖姬"是来自荷兰的一种花卉。它是用一种对人体无害的染色剂和助染剂调合成着色剂，等白玫瑰快到花期时，开始用着色剂浇灌花卉，让花像吸水一样，将着色剂吸入进行染色。

花 材 ● ● ●

马蹄莲，玫瑰

花材 ● ● ●

太阳菊，三色堇

【迷人的微笑】

爱上你是我今生最大的幸福，想你是我最甜蜜的痛苦。这也许就是对香槟玫瑰最真实的写照，它那魅力十足的外形和贵族经典的色彩，都令人钟情。所以它的花语是我只钟情于你。

花材 ● ● ●

玫瑰，香雪兰

【花材】••••

太阳之星，长黄边剑叶

【 擎 天 柱 】

【花材】••••

擎天柱，郁金香叶

【 吉 星 高 照 】

花 材 • • •

鸿运当头，擎天柱

花材 • • •

寿桃，寿桃叶

【 双桃贺寿 】

花材 • • •

寿桃，寿桃叶，松枝

在中国的传统文化中"桃"象征了幸福长寿，因此在大型的祝寿场合中往往以桃子作为点缀，代表着长寿和吉祥。

花 材 ● ● ●

墨百合，米兰草，小三头花杆

【 温 馨 浪 漫 】

花材 • • •

玫瑰，三色堇

花 材 • • • •

荷花，天鹅

　　荷花绽放时，以她那纯洁、高贵的气质和朴实无华的品格，赢得了人们的推崇和喜爱，被视为圣洁的象征。荷花又名莲花，是我国十大名花之一，它的品种很多，有千叶荷、四面荷、并头荷、四季荷和夜舒荷等，荷花喜欢有水的地方，多数生长在池塘里。

【彼此拥有】

花材 ●●●

绣球花，羽衣甘蓝，天堂鸟，吊终海棠，小太阳菊

花材 ••••

蝴蝶兰，蝴蝶兰叶

【仙鸟贺岁】

水仙花

　　水仙花别名金盏银台，花如其名，绿裙、青带，亭亭玉立于清波之上。素洁的花朵超凡脱俗，高雅清香，格外动人，宛若凌波仙子踏水而来。水仙花语：一是纯洁，二是吉祥。

花 材 ● ● ●

郁金香，小菊花

花材 • • •

蓝精灵，米兰草

花材 • • •

墨百合，跳舞兰

【 喜 上 梅 梢 】

花材 • • •

梅花

数萼初含雪，孤标画本难。香中
别有韵，清极不知寒。
　　横笛和愁听，斜枝依病看。逆风
如解意，容易莫摧残。
　　　　　　　　　——引自古代诗词

花材 • • •

虞美人，菊花叶

【富贵花开】

花材 • • •

牡丹

牡丹以它特有的雍容华贵，
在中国传统意识中被视为百花之
王。

花材 • • •

玫瑰，百合，松枝

花材 ● ● ●

牡丹，孔雀

花 材 • • •

黑玫瑰，孔雀

【 双 雀 迎 宾 】

花 材 • • •

牡丹，孔雀

孔雀与牡丹的完美组合，可以说是富贵与吉祥的美好象征。自古牡丹被称为花中之王，色泽艳丽，造型饱满，雍容华贵。二者相互结合，将富贵与吉祥融为一体。

花材 ● ● ● ●

爱丽丝，小三头花杆，兰
花草，米兰叶

【 仙 人 镜 】

花材 • • •

仙人镜

仙人镜是一种生长在墨西哥北部的仙人掌。是一种竖立且庞大的肉质灌木，上面长满了可以食用的果实和粗大的黑刺。它的拉丁文学名"phaeacantha"的意思是"灰色的刺"。

花 材 ● ● ●

鸽子花

花 材 ● ● ●

朱顶红，郁金香叶

向日葵

　　向日葵具有向光性，人们称它为太阳花。在古代的印加帝国，它是太阳神的象征。因此向日葵的花语就是太阳。受到这种花祝福而诞生的人，具有一颗如太阳般明朗、快乐的心。

花材 • • •

玫瑰，黄蝴蝶

花材 • • •

天堂鸟，松枝，大五头花杆

【花香迷人】

花材 • • •

百合，红掌，波斯叶，满天星

红掌的花语：热情、热血、大展宏图。它有如一只伸开的红色手掌，在掌心上竖起一小条金黄色的肉穗，在学术上叫做"佛焰苞"。

花材 • • •

圣诞红，圣诞红叶，鸽子花，
蝴蝶粉掌，满天星

花材 ● ● ●

大花蕙兰，红掌，百合，排叶

花材 ● ● ● ●

百合，玫瑰，波斯叶，小菊花，
满天星

【百年好合】

火焰百合，香水百合，满天星

　　自古以来，百合的美，常是文人墨客和歌者吟咏的对象，许多人对它喜爱有加。百合名称的由来，则因其鳞茎由许多白色的鳞片层抱而成，状似白莲，取其"百年好合"之意。它的花语：顺利、心想事成、祝福、高贵、清纯。

花材 •••

郁金香，马兰花

【凌寒飘香的君子】

花 材 • • • •

大丽菊，梅花

花材 •••

向日葵，红掌，金钱树

【 吉 祥 如 意 】

花材 ●●●

马蹄莲，玫瑰，大吉祥兰花

马蹄莲的花语是纯洁无瑕、气质高雅、纯净的友爱，而白色马蹄莲清雅美丽，它的花语是忠贞不渝，永结同心。

花材 ● ● ● ●

黄金鸟，黄金果，百合，兰草叶

【花香四溢】

花材 • • •

木兰花，风车花

卷心蓝，三头花杆，米兰草

【 财 运 双 收 】

在鸿运当头与天堂鸟的组合中，
在宝莲灯的点缀下，整个花型雍容富
贵、金光闪闪，是财富与权势的象征，
让它带给你人生财富的运气。

花材 ● ● ●

鸿运当头，天堂鸟，宝莲灯，
郁金香叶

马蹄莲，粉玫瑰，太阳之星，龟
背叶，万年青叶

【 锦绣前程 】

花 材 • • •

豪华郁金香，钻石玫瑰

传说荷兰能够成为今日的郁金香帝国，应当感谢16世纪的维也纳皇家药草园总监。因宗教原因这位药草园总监迁居荷兰，同时 也带入了他培植的欧洲郁金香，从此郁金香便在荷兰遍地开花，闻名于世。

花材 • • •

发财树

花材 • • •

蟹爪兰

【响彻的风铃】

图书在版编目（CIP）数据

造花插花优秀作品集／邹瑞姑，韩兆秦，胡秀英著.
沈阳：辽宁科学技术出版社，2010.5
（丝网花艺术）
ISBN 978-7-5381-6352-0

I. ①造… II. ①邹… ②韩… ③胡… III. ①人造花卉—图集 IV. ①
TS938. 1－64

中国版本图书馆 CIP 数据核字（2010）第 036255 号

出版发行：辽宁科学技术出版社
　　　　　（地址：沈阳市和平区十一纬路 29 号 邮编：110003）
印　刷　者：湖南新华精品印务有限公司
经　销　者：各地新华书店
幅面尺寸：143 ㎜×210 ㎜
印　　张：3
字　　数：30 千字
印　　数：1~6000
出版时间：2010 年 5 月第 1 版
印刷时间：2010 年 5 月第 1 次印刷
责任编辑：众合
封面设计：攀辰图书
版式设计：攀辰图书
责任校对：王玉宝

书　　　号：ISBN 978-7-5381-6352-0
定　　价：20.00 元

联系电话：024-23284376
邮购热线：024-23284502
E-mail：lnkjc@126.com
http://www.lnkj.com.cn
本书网址：www.lnkj.cn/uri.sh/6352